百读不厌的科学小故事

［韩］具本哲　主编

能源浪费，到此为止！

［韩］吴允静　著

［韩］李智厚　绘

梁　超　译

上海科学技术文献出版社

Shanghai Scientific and Technological Literature Press

未来的人才是创意融合型人才

翻阅这套书，让我想起儿时阅读爱迪生的发明故事。那时读着爱迪生孵蛋的故事，曾经觉得说不定真的可以孵化出小鸡，看着爱迪生发明的留声机照片，曾想象自己同演奏动人音乐的精灵见面。后来我亲自拆装了手表和收音机，结果全都弄坏了，不得不拿去修理。

现在想起来，童年的经历和想法让我的未来充满梦想，也造就了现在的我。所以每次见到小学生，我便鼓励他们怀揣幸福的梦想，畅想未来，朝着梦想去挑战，一定要去实践自己所畅想的未来。

小朋友们，你们的梦想是什么呢？由你们主宰的未来将会是一个什么样的世界呢？未来，随着技术的发展，会有很多比现在更便利、更神奇的事情发生，但也存在许多我们必须共同解决的问题。因此，我们不能单纯地将科学看作是知识，为了让世界更加美好、更加便利，我们应该多方位地去审视，学会怀揣创意、融合多种学科去思维。

能源和环保技术

几年前，我去了趟中国的内蒙古。当时，韩国政府、企业和环保团体协助中国政府在内蒙古的沙漠化地区植树，我随同前往采访和报道。

在内蒙古地区，大风卷地，尘土飞扬。即便戴上帽子、口罩和墨镜将脸捂得严严实实，微尘还是会进入鼻子和嘴巴。但那片绿草繁茂的土地、蔚蓝的天空，还有茫茫的黑夜，美得让人动容。

在内蒙古，我懂得了水的珍贵。我用登山杯装上半杯水漱口，用小矿泉水瓶盛水洗漱，晚上用湿巾简单擦擦脸和手就睡了。那时，我多么渴望能够在水流哗哗的浴室中好好地洗个澡，尽情地饮用冰水。

地球上所有的生物和资源都是很重要的，包括水在内。能源也是一样。在可以替代化石燃料的能源没有开发出来之前，化石燃料用完了怎么办呢？我们难以想象电灯熄灭、电梯停运、汽车熄火、工厂里的机器也停止运转的世界，还有地球上所有空气、水和土壤都被污染的世界……

本书将带你了解什么是能量和能源，通过数据告诉你浪费化石燃料将会导致什么样的危机。另外，还会详细介绍可以替代化石燃料的可再生能源都有哪些，环保技术到现在为止发展到了什么程度，我相信，幸福、富饶的未来将在你们手中缔造。

东亚出版社推出的"百读不厌的科学小故事"系列与我们以前讲述科学的方式不同，全书融汇了很多交叉学科的知识。每册书都通过生活中的话题，不仅帮助读者理解科学（S）、技术（TE）、数学（M）和人文艺术（A）领域的知识，而且向读者展示了科学原理让我们的生活变得如此便利。我相信，这套书将会给读者小朋友带来更加丰富的想象力和富有创意的思维，使他们成长为未来社会具有创意性的融合交叉型人才。

韩国科学技术研究院文化技术学院教授　具本哲

什么是环保的生活，世界上都有哪些有代表性的环保村和城市。

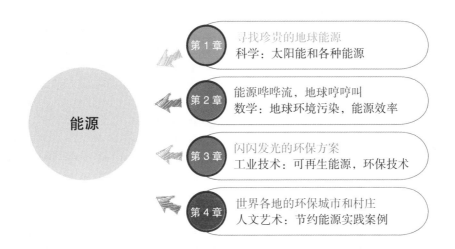

能源

第 1 章　寻找珍贵的地球能源
科学：太阳能和各种能源

第 2 章　能源哗哗流，地球哼哼叫
数学：地球环境污染，能源效率

第 3 章　闪闪发光的环保方案
工业技术：可再生能源，环保技术

第 4 章　世界各地的环保城市和村庄
人文艺术：节约能源实践案例

　　希望读过这本书之后，大家能够开始节约电、节约水，并喜欢上骑自行车或者步行。如果大家能实践这一点，便是本书作者最大的欣慰。让我们一起来保护我们的地球吧。

吴允静

目　录

第 1 章　寻找珍贵的地球能源

第 2 章　能源哗哗流，地球哼哼叫

第3章　闪闪发光的环保方案

第4章　世界各地的环保城市和村庄

第 1 章

寻找珍贵的地球能源

突然停电了

啪的一声，客厅的灯灭了。

"哦？停电了？"

窗外漆黑一片，什么都看不见。好像到处都停电了。浩浩喊着妈妈，可是妈妈没有应答。

"妈妈明明刚刚还在厨房啊。"

浩浩靠着手机发出的光，在家里慢慢地挨个房间找了一遍，可是一个人也没看到。

"怎么回事？就我一个人吗？"

浩浩一下子害怕起来，差点哭了出来。就在那一刻，房间里突然出现了一束光，微弱的亮光中，浩浩看到眼前出现了一个女孩，

怀里还抱着一只猫。

　　"你，你是谁啊？你从哪儿冒出来的？"

　　"你好，我是翠翠，我来自未来。我不能看着能源就这么被浪费，所以停了电来到了这里。"

　　浩浩感到脑袋一阵眩晕。

　　"什么？未来？你是说我浪费了能源，所以你把我的电停了？"

　　"你不相信吗？那么就跟我来吧，我告诉你为什么会这样。大花，准备好宇宙飞船！"

　　"是的，主人！"

　　机器猫大花扔出一个球一样的东西。顿时，浩浩眼前出现了一艘宇宙飞船。

能量是做功的能力

"好啦，现在我们即将开始能量之旅！快上来啊。"

翠翠把迷迷糊糊的浩浩带到了宇宙飞船里面。浩浩刚坐下，宇宙飞船就呜的一声飞了起来。浩浩吓得魂飞魄散，只听翠翠问他：

"浩浩，你知道能量是什么吗？"

"嗯，嗯，能量不是力量吗？有了能源，事物才有可运转的力量。"对于突如其来的太空旅行，一直魂不守舍的浩浩结结巴巴地回答道。

"能量，用科学原理来解释，就是'做功的能力'。"

浩浩眨巴眨巴眼睛，一听到翠翠用"科学原理"来解释，马上回过神来，因为科学对浩浩来说是最头疼的了。

"这里的'做功'是指将力量注入一个物体，让这个物体运动状

去哪里啊？

现在我们去探寻地球能量的源泉吧。

态改变。简单地说，能量是各种让物体运动状态或者形状改变的能力，也就是使物体做功的能力。"

翠翠看着**目瞪口呆**的浩浩，叹了口气。

"你洗脸、洗手、玩球的时候，走路和跑步的时候，都会消耗能量。狗摇尾巴的时候，汽车行驶的时候，电风扇运转的时候，也会消耗能量。所有活动的东西都在消耗能量。"

浩浩并不知道翠翠用"科学原理"解释的能量和当天发生的停电到底有什么关系，于是，鼓起勇气说：

"说实话，你说的这些我根本听不懂。但既然能量这么重要，那么你就用我能听懂的方式解释吧。"

看到浩浩学习的意愿这么强烈，翠翠满意地回答道：

"好啊！"

听翠翠这么一说，浩浩竟然有些难为情了。

这时，大花突然开口说："当然了。我们主人很**聪明**的，一定会亲切地为你讲解关于能量的知识。"

主人，快告诉他为什么能量这么重要。

养育地球的太阳能

浩浩和翠翠正说话的时候，宇宙飞船就飞离了地球。第一次在外太空看到地球，浩浩两只眼睛瞪得圆圆的。

"哇哦！是地球啊！看起来好蓝啊！好神奇啊！"浩浩兴奋地叫着。

大花眼睛里**忽然**闪过一道光，说：

"别咋咋呼呼的！以后你还会看到更神奇的呢，期待吧。"

大花的话让浩浩颇为不快。虽然翠翠很友好，但是翠翠的宠物却一点儿也不友好。浩浩和大花用**充满敌意**的目光彼此对视着。翠翠突然加快了飞船的速度，说道：

戴上太阳镜就不刺眼睛了。

地球看起来好小啊。

地球的生物因为有了太阳能才可以生存。

"浩浩，你知道我们现在要去哪儿吗？"

"哇，这是外太空，我还是第一次来外太空呢……"

"我们要去产生能量的地方。你知道哪里产生能量吗？"

"太阳？"浩浩小声嘀咕了一句，生怕答错了。

"对了！拿着这个。现在我们就要去太阳附近了。"翠翠递给浩浩一个长得像胶囊一样的航空服和太阳镜，说道。

"要去太阳附近？好像很热吧？我讨厌去热的地方！"

"别担心！胶囊航空服不会让你感到很热的。"

浩浩虽然对翠翠的话表示**怀疑**，但还是穿上航空服跟着去了。

一从宇宙飞船出来，浩浩穿的航空服就像火箭一样，以**飞快的**速度朝着太阳附近飞去。

"啊啊！好刺眼啊！我得戴上太阳镜！"

浩浩戴太阳镜的时候，翠翠说：

"太阳是地球生命的源泉。太阳在 1 秒内制造的能量大概与 1000 兆个氢弹同时爆炸产生的能量差不多。很大吧？据说太阳的中心区域温度可以达到 1.5×10^7 ℃，表面温度可以达到 6000 ℃。"

太阳能传给植物。　　　　植物的能传给食草动物。　　　　食草动物的能传给食肉动物。

"浩浩，你知道太阳能以什么形态来到地球吗？"

"用科学原理来说，是刺眼的光和温度很高的热量？"浩浩模仿着翠翠的语气。

翠翠给了他一个肯定的眼神，说道：

"没错。太阳能是以光和热的形式传到地球。太阳光的能量为草和树等植物制造养分，使其维持生命，十分重要。植物会被兔子和鹿这样的食草动物吃掉，食草动物也会成为食肉动物的食物，人类将植物和动物都作为自己的食物。用一句话说就是，没有光能，植物就不能生存，没有植物，动物就没有食物，也无法存活，人类也是如此。"

浩浩一听没有东西吃，肚子一下子就**饿**了。

"太阳的热能让地球变得温暖，也让地球所有的生物得以存活。如果太阳不给地球热能，那么地球就会变成**冻僵**的冰窖，生命体都无法存活。"

"没有太阳能，就没有吃的，就会**饿肚子**，太冷的话就会被冻住吧？哎，真是想想就害怕！"

浩浩的一声叫喊把大花吓了一跳，头上的天线一下子竖了起来。

"不好意思，一想到没有太阳，觉得简直太**恐怖**了。"

大花猫眼圆睁，直勾勾地看着浩浩，似乎眼前的浩浩莫名其妙。

翠翠一边安抚大花，一边说："看到了太阳，应该大体知道能量是什么了吧？从现在开始，我们来学习一下除了太阳能之外的其他形式的能量。快回到宇宙飞船里吧。"

翠翠抓着浩浩的手，乘上宇宙飞船，朝着地球出发了。

能量金字塔

由生物吃和被吃的关系组成的金字塔叫做"食物金字塔"。食物金字塔又叫"能量金字塔"。

食物金字塔最下层是生产者。一级消费者吃掉生产者，二级消费者吃掉一级消费者，以此类推。从数量的角度看，越往上，个体数逐渐减少。从能量的角度来看，以生产者为起点的能量传递过程中，越往上，能量逐级递减。当生产者向一级消费者传递能量时，能量会减少到之前的十分之一。当一级消费者向二级消费者传递能量时，能量也会减少到十分之一。能量传递每上升一层，都会减少到之前的十分之一。意思就是说，如果一级消费者想要存活，那么就要有 10 倍的生产者向其提供能量。二级消费者要想存活，就要有 10 倍的一级消费者、100 倍的生产者向其提供能量。

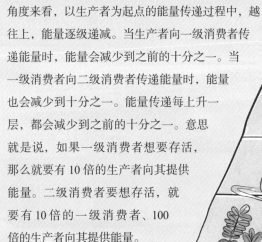

闪闪的光能，暖暖的热能

"哇，好黑啊。我们真的回到地球了吗？"

"这是你家啊！"

"太黑了，连家都不认识了。为什么这么黑啊？"

"用科学原理来说，是因为没有光能。"翠翠的宠物大花在黑暗中睁着一双发光的眼睛，回答道。

大花学着翠翠的腔调，继续解释道：

"光能既可以从太阳能中获取，也可以从电能中获取。太阳光是从太阳能中获得，电灯和台灯的光是从电中获得。光主要是和热一起发生的。太阳光强，也是由于热能。"

大花的话刚说完，翠翠紧接着又说：

照射到物体上的光

物体表面反射的光

光遇到了物体发生反射，反射光进入浩浩的眼睛，并在视网膜上形成物像。

"热能是带有热的能量，和物质的温度有密切的关系。物质的温度高，热能就多；物质的温度低，热能就少。即，越热的物体，就有越多的热能。"

翠翠向大花使了一个眼色，大花接着说道：

"热能有从高温处向低温处传输的性质。浩浩，你知道在热水中放入冰块会怎么样吗？"

"当然是冰块马上化掉变成水呗。"

面对大花突如其来的提问，浩浩**满心不悦地**回答道。浩浩觉得大花好像瞧不起自己，备受打击。

"水和冰都有热能，热能会使物质的状态发生改变。固体冰加热会变成液态的水，水加热会变成气态的水蒸气。"

浩浩不高兴了，根本没有听大花在说什么。

此时，翠翠**眨了眨眼**说："大花跟着我学了不少关于能量的知识。浩浩，热能在我们生活中用途广泛，你知道都用在哪里吗？"

"知道啊，用暖炉、汽锅、煤气灶的时候，都用到热能。"

听了浩浩的回答，翠翠微微一笑，浩浩的心情好像也稍微释然了些。

用暖炉、汽锅等制热工具将室内变热时，用煤气灶等烹饪工具蒸煮食物时，都会用到热能。

带来力量的化学能

"难道是因为去了趟遥远的外太空吗？肚子好饿啊。"

浩浩摸着**咕噜噜**叫的肚子，有气无力地说道。

"肚子饿用'科学原理'来解释，就是体内的能量消耗掉了，你的能量这么快都用光了？"大花一脸不解地望着浩浩。

"人和动物需要食物才能存活，植物需要养分才能生长，汽车需要燃料才能行驶，大花需要电才能活动。那么，食物中的能量和汽车燃料的能量从哪里获得呢？"

被翠翠"科学原理"式地一问，浩浩怔怔地**眨眨眼**，满脑子光想肚子饿了。

光能

化学能

植物的光合作用需要水、二氧化碳和光。

植物自己生产化学能，食草动物通过吃植物来得到化学能，食肉动物通过捕食食草动物来获取化学能。

　　这时，大花用前脚碰了碰浩浩的腿，问道："浩浩，你还记得植物是用太阳能生成养分的吗？"

　　浩浩点点头。

　　大花**直直地**翘起尾巴说："那叫'光合作用'，如果再用'科学原理'解释，光合作用是植物将太阳能**转化**成化学能。化学能是植物和动物体内生成的能量，这种化学能的一部分储存在体内，需要的时候使用。"

　　大花说完，翠翠接着说：

　　"在我们吃的食物中就有化学能，我们每天都使用着化学能。但是化学能并不是只存在于身体中，煤、石油、天然气等燃料虽然叫'化石燃料'，但是从这些燃料中获取的能量也是化学能。"

　　"化石燃料是很久很久以前，动物死去以后被埋在土地里，经过**长时间极为缓慢的**变化而形成的。煤是由于地震、泥石流等自然现象发生，植物被埋在地底，上面被沙子、泥土覆盖，经过数千万年的挤压，受热受压而形成的。"

"需要那么久的时间啊？"浩浩问道。

翠翠点点头。

紧接着，大花又说："石油和天然气也是一样的，是由数亿年前到数千万年前在海里生活的浮游生物或海洋动物死后，其遗骸在海底泥沙**反复堆积**的过程中受压受热而形成的。"

浩浩静静地听着大花的讲解。

大花接着又说："石油和天然气经常一起被埋藏。天然气比石油轻，在石油层的上方，所以比石油更先发现。"

煤炭形成的过程

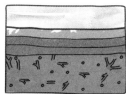

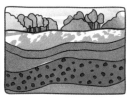

1. 树等植物由于泥石流被埋在地底。

2. 上面泥土层层堆积，树只剩下碳的成分。

3. 经过很长时间的受压受热，形成了煤炭。

石油、天然气形成的过程

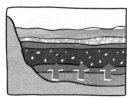

1. 海底里堆积着鱼、贝壳死后的尸体。

2. 沙子和泥土一直堆积，受压受热形成了天然气和石油层。

3. 由于地壳运动，含有天然气和石油的地层向上凸起。

"哦！那么，发现天然气的地方也会有石油喽？"

听浩浩这么一问，大花摇摇头说，也有的地方只蕴藏着天然气。

浩浩**一脸失望地**说："使用石油的地方那么多，要是多发现点石油就好了……"

"是啊。石油不仅可以应用在汽车、火车、船等交通工具上，在制造我们日常生活中使用的物品时也要用到。合成纤维、合成橡胶、化学肥料、沥青、油漆、塑料袋等，都是以石油为原材料。"

石油一般蕴藏在海底或者沙漠下方很深的地底。

上图为海上的石油钻井船。石油钻井船通过固定在海底的输油管将石油传输上来。

势能和动能

浩浩、翠翠和大花出门来到了屋顶上。

"一个很小的石子从高处坠落，会让小轿车的玻璃出现裂痕。高处降落的物体都具有能量。"

浩浩以为大花真的要把球扔下来，**吓了一跳**。

"就像这样，物体由于所处的位置而具有的能量叫'势能'。地球上能飞的物体都具有势能。势能是地球上的物体受到地心引力作用而产生的。势能的大小随高度的不同而不同，在同一高度，越重的物体势能越大。"

翠翠忽然抓住了浩浩的手，往楼下走。翠翠让浩浩站在一楼，自己则来到二楼，她说：

"你从一层、我从二层、大花从三层扔球，你觉得谁的球势能最大？"

"最高处大花拿的球势能最大。"

"正确。不仅仅是高处的物体，运动的物体也会有能量，称为'动能'。

哈哈，这个球的势能最大。

越高的地方，势能越大。

我的球势能最小。

势能

物体的速度**越快**，动能越大。那么行驶中的汽车和自行车，哪一个动能更大？"

"汽车的速度比自行车快，所以动能更大。"

"嗯，正确！我再问你一个问题。走路的时候撞到朋友与跑的时候撞到朋友，什么时候**更疼**呢？"

"当然是跑的时候撞到更疼了！"

浩浩回答完毕，翠翠点了点头。

"正确！因为跑的时候动能更大，所以更疼。"

照亮黑夜的电能

"浩浩，停电的时候，什么最不方便？"

"漆黑一片，吓死人了。"

听了浩浩的回答，大花那双发光的眼睛更亮了，得意极了，说道：
"我在**黑暗**中也可以看得很清楚。"

"哼，你了不起！"

浩浩和大花开始拌起嘴来，翠翠赶紧把他俩分开，说道：

"所谓电能，就是电具有的能量。冬天穿毛衣和摸门把手的时
候，可能会感觉被**刺**了一下，是吧？那就是电。电能可以让装上电
池的玩具活动起来，可以让电灯发光，还可以让家中的电器工作，
让电梯、地铁等大型机械运转。停电的时候，需要插电使用的东西
都无法工作。"

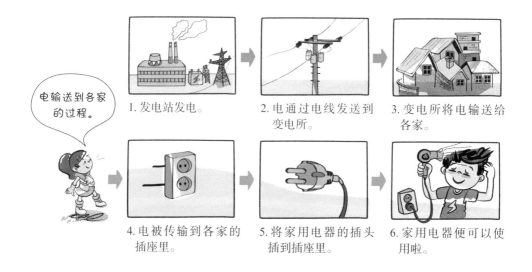

电输送到各家的过程。

1. 发电站发电。

2. 电通过电线发送到变电所。

3. 变电所将电输送给各家。

4. 电被传输到各家的插座里。

5. 将家用电器的插头插到插座里。

6. 家用电器便可以使用啦。

　　"你喜欢的电视也看不了了，电脑也用不了了，可以**照明**的电灯当然也用不了。"大花突然插了一嘴，故意气浩浩说。

　　"**哎呀**，没电的话，那些都用不了，太不方便啦！"浩浩摇着头说道。

　　翠翠笑了笑，说："是啊，没电的话，好多事情都不方便。现代社会到处都需要用电，人们对电的依赖性很高，没有电，寸步难行。"

多变的能量

"现在我们去其他地方看看吧。"

翠翠没说去哪儿，抓住浩浩的手就走。

"虽然能量有很多形态，但是并不是一成不变的。还记得爸爸给小狗做房子的时候吗？想想爸爸是怎么钉钉子的。"

开始

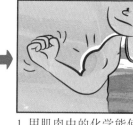

1. 用肌肉中的化学能使胳膊运动。

2. 胳膊运动，化学能转换成动能。

3. 举起锤子，胳膊的势能增加。

4. 锤子落下，胳膊的势能减少，胳膊一动，动能增加。

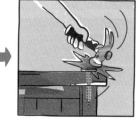

5. 锤子碰到钉子，锤子的动能转换成钉子的动能。

6. 锤子的动能转换成锤子和钉子的热能。

"钉钉子的时候，能量从一种形式转变成另一种形式，叫作'能量转换'。我们的生活中最重要的能量转换之一就是转换成电能，即'发电'。"

一听"发电"，浩浩**立刻**意识到现在他们是要去发电站。

"发电的意思就是'生成电'，用科学原理来解释就是'将某种能量转换成电能'的意思。"

听着翠翠和大花的介绍，大家不知不觉来到了水力发电站。

"在水力发电站，堤坝将水拦截住，然后一次性放水。水流到下面带动水轮机转动，这时水轮机的发电机里连接的磁铁也一起转动，**包裹**磁铁的线圈中就会产生电流。换句话说，水的势能转换成水的动能，水的动能转换成水轮机的动能，水轮机的动能转换成线圈的电能。"

说着，翠翠拉着浩浩的手，离开发电站，来到另一个地方。那

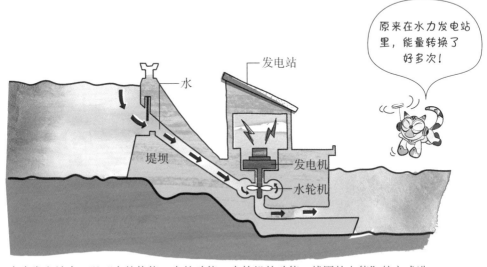

水力发电站中，以"水的势能—水的动能—水轮机的动能—线圈的电能"的方式进行能量转换。

21

里有**高高的**输电塔和电线。

　　"哇哦！电是从这里被传输的吗？"浩浩**惊奇地**看着输电塔和电线说道。

　　"是的，发电站制造的电通过电线传输到家里、工厂和公共机关等。通过这种方式传输的电，根据用途的不同，会转换成不同的形态。传输给电熨斗变成热能，传输给音箱变成声能，传输给电视变成光能、声能和热能。"

浩浩静静地听着翠翠的讲解，突然**面露愁容**地说道：

"可是在能量转换的过程中，能量不会消失吗？电水壶烧水的时候，电能虽然转换成了水的热能，但是水马上就会凉掉啊。这时候水的热能不就消失了吗？"

"不是的。水的热能只是散到了空气中，并不是消失了。水的热能和散发到空气中的热能总和与从电能转换来的能量相等。这样一来，能量只是形态有所变化，并不是**消失**了，整体上量还是不变的。这就是'能量守恒定律'。"

电熨斗将电能转换成热能，我们就可以熨衣服了。

电视将电能转换成光能、声能和热能，我们就可以看有趣的动画片了。

大花的眼球突然像灯泡一样**一闪一闪**的。

"大花好像没电了。"

浩浩觉得大花好像能量耗尽，马上要停止工作了。

"没事的，大花的能量充足着呢。"

翠翠用手摸了摸大花，大花眯着笑眼，朝浩浩吐了吐舌头，做了个**鬼脸**。浩浩一下子火就上来了。

"翠翠，你不是说能量只会改变形态，不会消失吗？那么为什么人们要**担心**能源不足呢？"

"因为有些会转化成我们不能使用的能。比如说汽车，给车加油，汽车行驶的过程中将石油的化学能转换成汽车的动能。这时，如果能将石油的化学能全部转换成汽车的动能就好了，但是实际上并非如此。"

"那么怎么办？多可惜啊！没有阻止浪费的办法吗？"浩浩**忧心忡忡地**问道。

翠翠也一脸愁容地说："目前为止还没有让石油的化学能全部转换为汽车动能的技术，也没有把散到空气中的热能聚集起来，运用到其他地方的技术。"

听到来自未来的翠翠这么一说，浩浩**失望极了**。

"所以，能源不足的意思就是，我们可以使用的能源越来越少，所以我们必须节约能源！"翠翠一边目不转睛地看着浩浩，一边斩钉截铁地说，仿佛是在发布号召。

发 电 站

发电站是通过发电机运转而发电的地方。根据轮机受力方式不同，发电站可以分为很多种。水力发电站通过水的流动使水轮机转动而发电。火力发电站是通过燃烧化石燃料给水加热，产生水蒸气，水蒸气使轮机转动而发电。核能发电站是利用核裂变释放出的热能发电。风力发电站是利用风能发电。太阳能发电站是利用太阳光来发电。

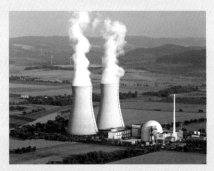

德国的核能发电站。

**本章要点
回顾**

 为什么太阳能对生命体很重要？

 太阳能以光和热的形态来到地球，光能可以让植物制造养分、维持生命。食草动物通过吃掉植物，食肉动物通过吃掉食草动物来维持生命。热能让整个地球变得温暖，给所有生物提供一个适宜生活的环境。如果没有太阳能，地球上的生物都无法存活。

 如何才能增大势能和动能？

 地方越高、物体越重，势能越大。物体的速度越快，动能越大。

要想增大势能，需要上到高处，或者增加物体的重量；要想增大动能，必须提高物体的速度。

石油和天然气是如何形成的?

 数亿年前到数千万年前在海洋里生活的鱼、贝和浮游生物等,死后遗骸堆积到海底。海底堆积的尸体上逐渐堆积沙子和泥土,经过数千万年的高温高压,形成天然气和石油层。随着地壳运动,含有天然气和石油的地层逐渐上移,这样石油和天然气就可以被发现了。

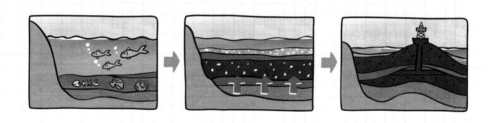

 打开电视时发生了哪些能量转换?

 所谓能量转换,是指能量形式的转换。能量转换时,有的只需要转换一次,有的需要经过很多阶段才能完成转换。有时,不仅只转换成一种能量,还会同时转换成很多种能量。

　　有了电,电视屏幕显示画面,音箱传递声音。所以电视是将电能转换成光能和声能,同时还会产生热能。

第 2 章

能源哗哗流，
地球哼哼叫

使用多少能源？

浩浩和翠翠一起坐上飞船，来到了一个剧场。翠翠一声不吭地抓着浩浩的手，走进剧场。

"啊，我们要看什么电影吗?"

"嘘！现在我们要看 20 世纪 50 年代到现在韩国的面貌。"

大屏幕开始播放影片了。

"20 世纪 50 年代，人们主要用树枝和秸秆做柴火，烧火做饭

1950

20 世纪 50 年代主要使用树枝、秸秆之类的柴火作为能源。到了 20 世纪 60 年代，随着工业的发展，煤炭开始被大量使用。

或取暖。可是从 20 世纪 60 年代开始，工厂增多，开始大量使用煤炭。20 世纪 70 年代，开始使用比煤炭更易保存和搬运的石油。从那时起，石油作为燃料，在家庭生活和工业生产的各个领域广泛使用开来。20 世纪 80 年代以后，韩国逐渐开始使用电和天然气之类便捷、**清洁**的能源，但直到目前，石油在所有能源中依然使用频率最高。"

影片一结束，浩浩打了个长长的哈欠，正好发现大花在看着自己。只见大花**眼冒金光**，浩浩赶紧用手捂上了嘴，并解释道：

"我昨天没睡好觉……"

浩浩看着大花，挠了挠头，逗得翠翠嘻嘻直笑。

"好了，电影看完了，我们去其他地方吧。"

20 世纪 70 年代，随着重工业和化学工业的发展，石油的使用频率大幅增加。

1970

20 世纪 80 年代开始，电、天然气等能源逐渐被广泛使用。

1980

浩浩不知不觉来到了一间教室，四周的墙壁雪白雪白的。

"大花！你能不能告诉我们，2010年韩国什么能源使用的最多？"

"是，主人！"

大花的眼睛里发射出一道光线，墙上出现了一张表。

2010年韩国能源消费构成

出处：韩国国家能源统计综合信息系统

能　　源	石油	电（电力）	煤炭	城市煤气	其他
构成比（%）	51.5	19.1	14.9	10.8	3.7

"浩浩，2010年，韩国石油的使用率为51.5%，居所有能源之首。其他依次是电、煤炭和城市煤气。"

"还是石油使用的最多啊！我还以为是电呢。"

浩浩一直在想，为什么在所有能源中石油使用的最多。

"石油是汽车、火车、船和飞机等交通工具得以运行的燃料原材料，也是机场机器运转的燃料。刚才也说过，石油是制造各种物品的原料，而且石油还会**燃烧**发电。"

"原来交通工具大部分都用石油啊。"

"嗯，不仅如此。从地下直接开采的石油叫'原油'。原油中混合了很多其他物质。这些物质的沸点不一样，通过燃烧原油进行分离，制造出汽油、煤油、柴油等多种用途的油。所以石油是最被广泛使用的能源。"

"啊，原来如此。我一天到晚都要用电，所以这个我知道。那么煤炭呢？煤炭用在什么地方？"

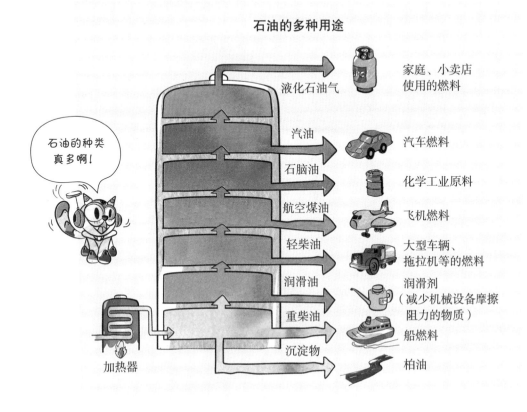

石油的多种用途

液化石油气 —— 家庭、小卖店使用的燃料

汽油 —— 汽车燃料

石脑油 —— 化学工业原料

航空煤油 —— 飞机燃料

轻柴油 —— 大型车辆、拖拉机等的燃料

润滑油 —— 润滑剂（减少机械设备摩擦阻力的物质）

重柴油 —— 船燃料

沉淀物 —— 柏油

加热器

石油的种类真多啊！

大花的眼睛里又射出一道光线，白白的墙面上出现了**黑黑的一片**。

"哎哟，这是什么啊？"

"别怕！这是煤炭。煤炭是以前火车运行时所需的燃料。但煤炭对环境污染严重，而且效率不高，在石油出现之后，使用就慢慢减少了。"

这次出现的是煤气灶，煤气灶上**咕嘟咕嘟**煮着浩浩喜欢吃的泡菜汤。浩浩咽了一下口水。

"煤气灶使用的就是城市煤气，城市煤气是通过管道供给城市家庭和工厂等的燃料煤气。"

大花看到浩浩看着泡菜汤**口水直流**的模样，忍不住哈哈大笑起来。

"哈哈，主人，快看浩浩！"

听大花这么一说，翠翠停下讲解，一脸严肃地看着浩浩。

"不好意思哦，肚子有点儿饿。"浩浩解释道。

翠翠瞪了浩浩一眼，继续开始讲解。

"现在我们拥有各种能源，可以使用便利的机械和机器。但由于韩国基本上不出产石油和天然气等能源，所以必须依赖从其他国家进口。2011 年韩国能源经济研究院发表的资料显示，韩国进口了96.4% 的能源。"

"真的吗？韩国人使用的能源基本都要靠进口？"

"是啊。现在我来告诉你韩国都进口了些什么能源。大花，显示一下圆形图表。"

看到圆形图表，一下子就明白了。

2011 年韩国能源进口结构比率

出处：韩国能源经济研究院

天然气 17.4%

核能 12.3%

煤炭 30.4%

石油 39.9%

浩浩看着白色墙面上大花显示的圆形图表说：

"2011 年韩国进口最多的能源是石油啊，从其他国家进口，那岂不是需要花钱购买吗？"

翠翠点了点头。

"是的。2011 年韩国从其他国家进口能源支出 1725 亿美元，换算一下大概是 19 兆 5 千亿韩元。"

"哇！ 19 兆 5 千亿韩元！ 这么多啊？"

"没错。进口能源的费用比韩国三大出口商品——船、半导体和汽车等合起来的出口额 1520 亿美元还要多。"

"唉。不管怎么努力生产出口产品，进口能源花这么多钱，那也不剩什么利润了。"

能源进口支出额：1725 亿美元。

船、半导体、汽车的出口额：1520 亿美元。

韩国的能源进口支出额比韩国三大出口产品的总额还多。

能源不能大肆浪费

"大量使用能源的国家不光是韩国。我们一起看一下 2011 年各国能源的使用情况。大花，**该你了**。"

2011 年各国能源消耗量　　　　　　出处：韩国能源经济研究院

次序	国　　家	消耗量（百万吨油当量）	全世界比重（%）
1	中　国	2613.2	21.3
2	美　国	2269.3	18.5
3	俄罗斯	685.6	5.6
4	印　度	559.1	4.6
5	日　本	477.6	3.9
6	加拿大	330.3	2.7
7	德　国	306.4	2.5
8	巴　西	266.9	2.2
9	韩　国	263.0	2.1
10	法　国	242.9	2.0

韩国的能源消耗量是世界第九位啊！

"2011 年世界能源消耗总量排名前十的国家中，韩国排第九位。从第一位到第十位，能源消耗量的总和是全球的 65.4%。"

浩浩大吃一惊说：

"天啊！世界上有 200 多个国家，其中 10 个国家使用的能源就超过了总能源消耗量的一半？"

"哈哈，浩浩你现在已经成为了一个懂科学的小朋友了，会看图表啦。没错！这 10 个国家能源消耗量很大。中国之所以能源消耗量多，是因为经济发展速度快，出现了很多工厂和建筑，使用机器制造了很多产品，而且中国人口众多，所以能源使用量也大。"

浩浩的表情突然变得**沉重**起来。

"今后也一直像现在这样使用能源，会怎样呢？"

大花头顶上的天线闪烁了几下，马上计算出来，说：

"以 2011 年末为基准，之后石油还可使用 54.2 年。石油是有限的资源，如果像现在这样使用的话，总有一天会枯竭。这下知道节约能源多么**迫切**了吧？"

浩浩默不作声地点了点头。

地球变热了

"我们不仅要担心使用的能源会枯竭，还要担心由于能源的过度使用导致全球变暖。"翠翠说道。

"我也知道。全球变暖就是地球平均气温上升的现象。"浩浩接着说。

翠翠点了点头。

大花的眼睛里射出一道光线，大家的面前立刻出现了一个地球，大花开始讲解道：

"地球的平均气温在 13 ℃—15 ℃时最适合人类生存，由包围地球的大气层维持这一气温。大气由很多气体构成，其中二氧化碳和甲烷等可以吸收地表放出的长波热辐射，就像温室的玻璃一样，维

二氧化碳层

热　　　热

持着地球的热度，所以这些气体叫作'温室气体'。温室气体防止热量跑出地球外，就叫作'温室效应'。"

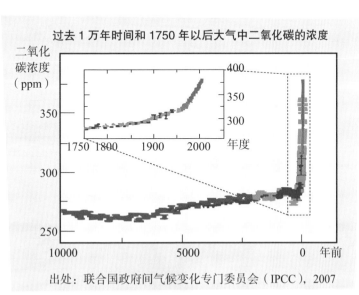

工业革命是用大规模机器生产代替手工业生产的产业革命。

大花说完，翠翠觉得大花说得棒极了，轻轻地抚摸着大花说：

"大花！太棒了。温室效应用科学原理来说，是一种好的自然现象，能够使地球维持一定温度。但最近由于温室气体过多，地球的温度渐渐**变高**，不得不让人为之担忧。"

"温室气体从何时开始增多的呢？"

"是从工业革命之后化石燃料的使用不断增加开始的。二氧化碳是煤炭、石油燃烧时和空气中的氧气结合而产生的。"

趁翠翠说话的工夫，大花在白色墙壁上投映出一张图表。

"这张表是过去1万年时间和1750年工业革命开始以后大气中

ppm 是衡量大气中的气体浓度的单位

过去1万年时间和1750年以后大气中二氧化碳的浓度

二氧化碳浓度（ppm）

出处：联合国政府间气候变化专门委员会（IPCC），2007

二氧化碳的浓度。这样就可以知道 1750 年以后，二氧化碳浓度增加得有多快了。"

"翠翠，为什么要担心全球变暖呢？地球变暖的话，就没有冬天了，那不是很好吗？"

听了浩浩的话，大花眉头紧缩，满脸无奈地说道：

"**天哪**，你要是知道地球变暖会产生多少问题的话，就绝对不会这样说了。"

浩浩感觉大花对自己说话的语气太重了。大花总是称呼翠翠主人，说话总是**毕恭毕敬**的，但对浩浩却总是满脸不屑。

"地球的温度上升，南极和北极的冰就会渐渐融化，海平面就会升高。海平面升高，南太平洋的岛国图瓦卢就会被海水淹没了。"

"什么？被海水淹没？那么这个国家岂不是就不存在了？"浩浩吓了一跳，反问道。

"是啊！图瓦卢的国土平均海拔只有 3 米高，全球变暖海平面上

升的话，这个国家很可能就会被淹没。图瓦卢还是个没有什么工厂，也不排放二氧化碳的国家。"

"**我的天啊**！那么图瓦卢即使不排放温室气体，也会由于其他国家的温室气体排放导致国家被海水淹掉吗？这也太不像话了。图瓦

地球变暖，我们的岛屿没有了，这可怎么办才好啊！

图瓦卢是位于南太平洋中央的岛国，由9个岛屿组成。现在其中的两个岛屿消失了，图瓦卢已经宣布放弃这部分国土。

卢人太**可怜**啦！"浩浩很生气，不知不觉中提高了嗓门。

但翠翠并没有像浩浩那么激动，依然心平气和地继续讲解：

"这并不是图瓦卢一个国家的问题。虽然程度不同，但还有其他国土被淹没的国家。不仅如此，南极和北极的冰融化以后，在南极和北极生活的动物也会慢慢地**减少**。"

浩浩想起以前老师讲过北极熊无家可归的故事。

"另外，气候异常的话，有些国家会一直干旱，有些国家会一直发洪水，还有些国家会持续寒冷。这些都是全球变暖所导致的严重问题。"

咳咳，地球病了

"能源浪费会给人类带来很大的危害。黑烟里有很多对人体有害的物质。如果呼吸了污染的空气，会患上心脏病、肺病、气管病，也很容易诱发癌症。浩浩，你还记得 1952 年英国伦敦发生的烟雾事件吗？"

浩浩歪着脑袋，一副若有所思的样子。浩浩知道烟雾（smog）的英文是由烟（smoke）和雾（fog）两个单词合成的，大气污染物质就像烟雾一样覆盖着大气，**灰茫茫的**，但是他并不知道伦敦烟雾事件。这时，大花又开始神气起来，讲解道：

"1952 年冬天，伦敦连续多日阴沉、潮湿，天气非常冷。人们纷纷使用煤炭暖炉。燃烧煤炭时散出的各种气体由于天气的影响不能散到大气高处，就在离地表很近的地方停留，与雾混合到一起，形成了**可怕的**烟雾。这次烟雾导致了 4000—12 000 人死亡。"

听到烟雾导致人死亡，浩浩害怕极了。但大花全然不顾，继续着他的讲解：

"大气中的臭氧层如果遭到破坏，那就糟了。臭氧层在距离地面 20—25 千米的高度，可以为任何生物吸收和阻挡**有害的**太阳紫外线。"

"啊，你是说产生空洞的臭氧层吗？"

浩浩赶紧插了一嘴，装作很懂的样子。

"是的，臭氧层中的空洞是由氟利昂产生的。氟利昂气体是从冰箱、空调、发胶**喷雾**中产生的，一次产生的氟利昂气体，最多可以在大气中停留 100 年，破坏臭氧层。"

"什么？ 100 年？"

"是啊，臭氧层被破坏的话，太阳紫外线会严重危害生物。"

大花的话音刚落，翠翠就带着浩浩到了外面。天空**一片阴霾**，迷雾笼罩，前方视线模糊不清。

"天空怎么突然变成这样了？空气为什么这么浑浊？"

咳咳，救救大花啊，黑烟呛得我喘不过气了。

"这就是沙尘暴。沙尘暴是沙漠中产生的细小沙尘被强风吹到天上，顺着大气飘过来的。韩国每到春天都有沙尘暴。"

"哇，这沙尘暴也太严重了，我好像有点儿嗓子疼。"

浩浩咳着，翠翠拿出口罩，说道：

"沙尘暴会让人患上感冒、哮喘、咽炎、眼病等。沙尘暴还会堵塞农作物和树叶的气孔，严重影响农耕种植。20世纪90年代起，沙尘暴突然增加。大花，现在开始你来讲吧，我要戴口罩了。"

翠翠让不用戴口罩的大花替她讲解。

"是，主人！浩浩，好好听着！"

大花又流露出不屑的口吻，浩浩**突然**火冒三丈，但决定还是最后再忍一次。

"沙尘暴现象之所以很严重，是因为土地沙漠化问题。近几十年来，随着工业的发展，沙尘暴中还带有很多污染物质，这个问题也很严重。"

大花说完，翠翠抚摸着大花，大花高兴地发出**呼噜噜**的声音。

"好了，现在我们去下一个地方吧。"

说着，浩浩和翠翠一起坐上飞船，一会儿他们来到了江边的某个地方。

看着眼前的江水，翠翠说道："由于工厂中排放的废水和家里洗衣、洗碗时排放的废水，河流变脏了。自然生态的水受到污染，会自行净化。但如果污染物质太多，水无法自行净化。你知道如果水质污染会有多危险吗？"

"水被污染了的话……鱼儿好像不能生存了，那猫生存起来也会很困难吧。"浩浩斜着**瞟**了一眼大花，故意找茬似的说道。

"我是机器猫，不吃鱼。还有，猫是杂食性动物，不吃鱼也不会死！"

"大花，够了！浩浩，你也是！现在水质污染问题相当严重！"

听到翠翠的训斥，大花**垂下了尾巴**，浩浩也赶紧住了嘴。

"1950 年到 1960 年，日本浮山县神通川流域的居民得了一种病。身体里每块骨头都疼，而且很容易骨折。正是因为村子附近的矿山上偷偷向河里排放出含有重金属的废水。废水污染了人们的饮用水和农业用水。人们患了这个病非常痛，因此这个病又叫'痛痛病'。人疼痛的时候不停地喊'痛'，病名由此而来。现在不仅河流，海水也被污染了。我们去海边看看吧。"

哎，鱼儿都死了。

由于垃圾和工厂中废水的排放，河流日益浑浊。

45

浩浩带着沉重的心情登上了飞船。一眨眼的工夫，飞船来到了大海上空。

浩浩看着窗外说："哇，**是大海**！这么美丽的大海居然生病了？"

"人们扔掉的垃圾污染了大海。"

"人们向大海扔垃圾？"浩浩简直不敢相信自己的耳朵，满脸诧异地问道。

翠翠点了点头。

"你听说过'垃圾岛'吗？垃圾岛是人们朝海里扔的垃圾聚集起来形成的，主要都是塑料袋和塑料垃圾。这种垃圾岛在海上有很多个，其中，截至 2012 年，美国夏威夷和日本东海之间北太平洋垃圾岛的面积足足有 140 万平方千米，是韩国国土面积的 14 倍。"

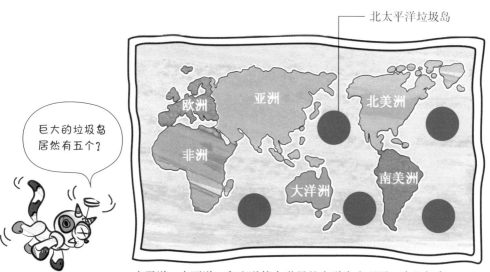

太平洋、大西洋、印度洋等全世界的大洋中出现了 5 个垃圾岛。

浩浩惊讶得一时说不出话来。一想起垃圾岛居然是韩国国土面积的 14 倍，浩浩别提有多担心海里的生物了。

"垃圾岛周围的海洋动物吃食垃圾致死的事件时有发生。还有调查称，在太平洋生活的鱼中，有 10% 吞食了塑料块。"

看着大海，浩浩陷入了沉思，跟在翠翠后面走着，亲眼看着地球被污染的样子，心情变得**越来越沉重**。

"土地也病了。被污染的土地无法长出植物，土地中的小生物也难以生存。而且地下水也被污染了。地下水我们是有可能饮用的啊。"

"没想到，环境被污染的话，地球上的人们也难以生存。"

浩浩好像下了什么决心似的，紧紧地攥住了拳头。

即使经过很长时间，有些垃圾也不会腐烂，严重污染土地。

寻找提高能效之道

"既然使用能源会污染环境,那么除了节约能源之外,没有其他可以减少使用能源的办法吗?"

浩浩这么一问,翠翠似乎期待了好久,眼睛里流露出欣喜的光芒。

"有啊!提高能源效率啊。"

"能源效率?"

"想象一下,你和你的朋友拿着同一个箱子从一层搬到二层,你花了10秒,你的朋友花了20秒。那么谁更有效率呢?"

"我!"

"是的,浩浩你用更短的时间做了和他同样的事,所以你更有效

率。那下面我们来比较下两台汽车吧。"

浩浩**聚精会神地**听着。

"绿色的汽车在停止的状态下，速度提升至 80 千米 / 小时需要 10 秒，褐色的汽车需要 20 秒，绿色的汽车更有效率。要想理解能源效率，首先要弄明白'功率'。'功率'是在一定时间内完成的工作量，用工作量除以时间，也就是说，绿色汽车的功率是褐色汽车的两倍。"

"我知道了！功率两倍是不是指在同一时间内可以做两倍的功，或者同样的事情用一半的时间来完成，是这个意思吗？那么，绿色的汽车比褐色的汽车用了更短的时间加速。"

浩浩从这次旅行中了解到很多关于能源的知识，感觉**很充实**。

"是的！绿色的车比褐色的车功率大。能源效率表示用同样多的能源，产出功效的多少。另外，还有，浩浩，你看过冰箱上的标签吗？"

浩浩想起家里的冰箱，**点了点头**。

"这个标签是用来划分能源消耗效率等级的。根据能源消耗效率，可将产品分为 5 个等级。1 等级的产品能源效率最高，数值越靠 5，效率越低。"

"啊哈，看到标签，就可以知道产品的能源效率了，那么就可以知道哪一款更节能了！"

"那么，现在正式看看浩浩

的能源使用习惯吧！"

大花眼睛中发射出一道光线，出现了浩浩一天生活的影像。

"你从学校回来之后，先打开冰箱门。一天之内开关冰箱门好几次，屋子里没人时不关灯，不看电视的时候也不关电视。"

"真没想到我那么**浪费**能源。"浩浩一边反省着自己浪费能源的坏习惯，一边垂头丧气地说道。

"我来教你减少能源浪费的方法吧。一定时间内电器消耗的电能总量叫做耗电量，用千瓦时（kWh）来计算。根据韩国电力公社公布的资料，开关冰箱门的次数，每天减少到三次，一个月就可以节约 0.7 千瓦时，一年可以节约 8.4 千瓦时。电视机每天早一个小时关掉，一个月可以节约 2 千瓦时，一年可以节约 24 千瓦时。不看电视的时候，把插头拔掉也可以减少电的浪费。"

"电源关掉也会**跑电**吗？"

"是啊，电源关闭的状态下，电器使用的电叫'待机耗电'，韩国的家庭平均每月浪费待机耗电 30 千瓦时，每年 360 千瓦时。是不是很浪费啊？"

节省电费小贴士

这是浩浩为了节省能源制订的计划。让我们看看能节省多少。

1. 每天平均开关冰箱门的次数减少到 3 次，1 年可以节电 8.4 kWh。

8.4 kWh

2. 每天少看 1 个小时电视，1 年可以节电 24 kWh。

24 kWh

3. 40W 的日光灯每天少使用 4 个小时，1 年可以节电 58 kWh。

58 kWh

4. 不用的电器拔掉插头，让待机耗电变为 0，1 年可以节电 360 kWh。

360 kWh

※ 如果按照以上四个方案执行的话，浩浩家 1 年一共可以节电 8.4+24+58+360=450.4 kWh。

一定要节约用电！

本章要点回顾

韩国的能源消费情况如何？

20 世纪 50 年代，工厂、汽车、机器数量较少，取暖或做饭，用树或秸秆当柴火使用。从 20 世纪 60 年代开始，随着工业的发展，各地开始兴建工厂，工厂主要使用煤炭。20 世纪 70 年代重工业和化学工业日益发达，开始使用易于保管和运输的石油。20 世纪 80 年代后主要使用便捷的电和天然气。

20 世纪 50 年代　　　　20 世纪 70 年代　　　　20 世纪 80 年代

温室效应和温室气体是什么？

地球的大气像毯子一样包裹着地球，从地球表面反射的热不能散发到地球外面去，这种现象叫"温室效应"。形成地球大气的气体有很多种，其中二氧化碳和甲烷等气体像温室的玻璃一样，将热气团团围住，所以这些气体叫"温室气体"。温室气体有二氧化碳、甲烷、一氧化二氮、氢氟碳化物、全氟碳化物、六氟化硫等 6 种。其中二氧化碳占比最高。

沙尘暴是什么?

 沙尘暴是强风从地面卷起大量沙尘使空气变得非常混浊的天气现象。每到春天,沙尘暴通过强风飘到韩国。严重时,人们的嗓子会发炎,出现眼病和咳嗽等症状。农作物和树叶的呼吸孔也会被堵塞,影响农耕种植。

韩国 1990 年以前沙尘暴发生的次数很少,20 世纪 90 年代以后沙尘暴发生的频率急速上升。

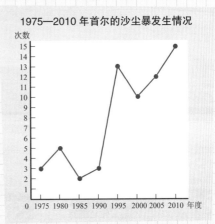

1975—2010 年首尔的沙尘暴发生情况

 怎样提高做功效率?

 做功的效率用功率来计算。功率是做功的量除以时间求得的。即,做同样的功,时间越短功率越大,也就是效率越高。例如,测量绿色车和褐色车从停止的状态到速度提升至 80 千米 / 小时所需要的时间,绿色车花费 10 秒,褐色车需要 20 秒。那么更有效率的是绿色车。因为提到同样速度时,绿色车比褐色车用的时间更短。

第 3 章

闪闪发光的
环保方案

利用免费能源——太阳

飞船来到了高楼大厦鳞次栉比的城市中心，这里不像海边那么凉爽，一股热气**扑面而来**。

"最近经常出现热岛现象，城市中心区域的气温高于周边地区气温，最主要的原因要归咎于高层建筑物。"

"高层建筑物多，阴凉地不就多了吗，那不是更凉快吗？"

听了浩浩的话，大花摇摇脑袋，无奈地看着浩浩。

"**啧啧**，我还以为你有长进了呢，浩浩，你得多向我的主人学学啊！"

浩浩想把大花的电池一把卸下来。翠翠不知道浩浩心里的想法，继续讲：

高层建筑是指6层以上的建筑。比低层建筑排放的污染物质更多。

啊，什么？高层建筑物污染环境！

"高层建筑物大量吸收阳光，向外**释放**热量，提升了城市的温度。高层建筑物的表面积大于单层建筑物的表面积，所以吸收阳光面积更大。另外，电灯、电脑，电梯等不停地工作。夏天使用空调，冬天使用电暖气。高层建筑物使用多少能量，就会排放出多少含有二氧化碳的污染物。总之一句话，会污染环境。"

"那么建造使用能源少的高层建筑物不就好了吗？"

翠翠手指一弹，发出"**哒**"的一声，然后说道：

"对！没错！所以人们想出了很多办法建造节省能源且对环境危害更少的建筑物。"

建筑物本身就是一个巨大的太阳能发电站。

日光方舟里设有太阳能博物馆和太阳能研究所。

　　浩浩好想知道都有哪些方法，于是**竖起耳朵**全神贯注地听讲。

　　"那就是利用太阳能。有两个方法：一个是利用光能，用太阳能发电；二是利用热能。"

　　"在实际应用中，有利用太阳能发电的高层建筑物吗？"

　　浩浩话音刚落，大花的眼睛里又射出一道光线，大楼外壁上显示出一张照片，照片里面有一个非常**庞大的**建筑物。

　　"这个是全世界有名的环保建筑——日光方舟（Solar Ark），该建筑位于日本，外墙长 315 米、宽 37 米，还安装了太阳能发电系统。太阳能发电每年可以生产 50 万千瓦时的电。"

　　"哇哦！好厉害。"

大花又投放了其他建筑的照片。

"这是在首尔的一座以节能环保为特色的办公楼宇。该大楼的设计师根据阳光运动的轨迹，在建筑物的右侧和后侧墙壁上安装了太阳能发电系统。通过这个系统，每年能够发电 42 500 千瓦时。"

一听韩国也有利用太阳能的环保建筑，浩浩心里**美滋滋的**，可转念一想，如果天阴或者没有太阳的时候该怎么办呢？

安装了太阳能发电系统和高效能的 LED 照明装置的办公楼宇。

"太阳能发电在没有太阳、太阳落山和冬天日照很短的时候都不会产出很多的电能。所以使用太阳能发电系统的建筑还要同时使用现有的电力系统。"

"原来只利用太阳能发电无法完全解决能源问题啊！"

"是啊，没错！太阳能主要用于烧水或者**加热**室内温度，而且安装太阳能热水器和太阳能电器费用昂贵，在晚上或日照时间短的冬天也很难使用。不过现在正在开发将白天的太阳能储存起来使用的技术，你就拭目以待吧！"

风儿，尽情地吹吧

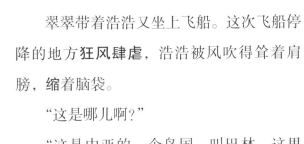

叶轮

　　翠翠带着浩浩又坐上飞船。这次飞船停降的地方**狂风肆虐**，浩浩被风吹得耸着肩膀，**缩着脑袋**。

　　"这是哪儿啊？"

　　"这是中亚的一个岛国，叫巴林。这里气温高，风很大。"

　　"你看那个！"

　　浩浩看到一个犄角模样的高楼，大喊道。

　　"那里是 50 层高的世界贸易中心，两座高楼都是 240 米。"

世贸中心位于巴林，是典型的风能环保建筑。

桥上悬挂的风力叶轮旋转时即是在利用风能发电。

翠翠抓着浩浩的手，走进了世贸中心。

"越靠近建筑物风力越大，两个建筑物中间的风力更大，据说比其他地方的风力大 20%。浩浩，你看见连接两个建筑的 3 座桥上悬挂着的叶轮了吗？"

浩浩顺着翠翠手指的方向看去，只见桥上悬挂着巨大的叶轮。浩浩立刻猜到世贸中心所使用的是什么能。

"那个建筑物使用的是从风那儿获取的风能吧！"

"是啊，风带动叶轮旋转，叶轮中的发电机便会发电。原理就是，风的动能转化为叶轮的动能，利用发电机将叶轮的动能转换成电能。风越大，发电量就越多。"

翠翠告诉浩浩，巴林世贸中心凭借风力所产生的电量可以达到这个建筑物使用总电量的 15% 左右。

翠翠解释的时候，风力有些减弱，浩浩觉得**凉快**极了，心情也美美的。

"风能是不会产生污染物质的清洁能源，现在世界上一些国家也利用风力进行发电。"

"啊，原来如此！"

"要想通过风力发电，必须要有持续的强风。所以风力发电机一

般建在位置较高而且风速保持在 10—20 千米 / 小时的地方，比如风力较强的沙漠、海边、海岛或者广阔的田野等。"

"可是利用风力发电的巴林世贸中心，是建在**高楼林立**的市中心，为什么呢？"浩浩看着巴林世贸中心，突然**不解地**问道。

"刚开始大家都认为市中心无法安装风力发电机。大花，你和浩浩说说巴林的世贸中心是怎么建造的吧。"

翠翠的话刚说完，大花就看着浩浩嘿嘿一笑说：

"浩浩，我都给你准备好了。我要发射光线啦，给你看个漫画！"

历尽艰辛建成的巴林世贸中心

让我们一起收集可再生能源

　　"像太阳能和风能那样，无论怎么使用也不会用尽，而且不会产生污染物质的能源，称为'可再生能源'。你知道可再生能源都有哪些吗？"

　　浩浩**犹豫**了一下。大花扑哧一笑，似乎在说它就知道会这样。

　　"主人，我不说了嘛，浩浩对能源还不太明白呢。浩浩，可再生能源有地热能、小水电、潮汐能、生物质能、氢能等。"

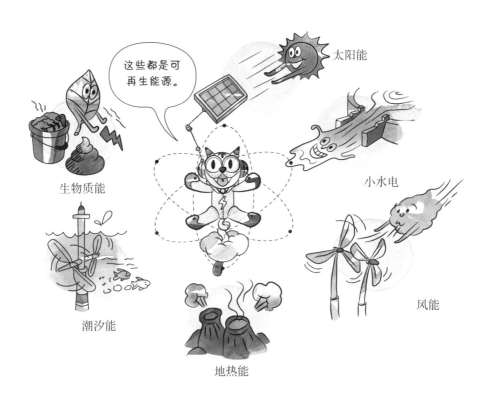

这些都是可再生能源。

太阳能

生物质能

小水电

潮汐能

风能

地热能

浩浩虽然心里很受打击，但也只好点头承认。

"是啊，我不知道的还很多。那么现在就请逐一给我讲讲可再生能源吧。"

听到浩浩如此**诚恳**的话语，翠翠笑了笑，开始讲解起来：

"首先，地热能是大地本身具有的热能。你知道大地深处有多少岩浆吗？调查出大地深处有多少岩浆之后，挖沟，下管子，然后将管子中注入水，这时水会因为岩浆而变热。此时，生成的蒸汽带动叶轮转动，产生电能，就叫作'地热发电'。"

"那么地热发电站肯定得建在地底下有地热的地方喽，对吧？"

翠翠点点头。

"地热发电站只能建在火山活动地区，或者地底下有岩浆、有**高温**地下水的地方。在地热发电的过程中，地下水有可能被污染，要格外注意。"

地热是从地球内部散发到外部的一种热能，不同地区热量截然不同。

水力发电需要建筑大坝，而小水电则利用河川的水。

浩浩和翠翠乘上飞船，准备去其他地方，翠翠问浩浩：

"浩浩，你知道水力发电是用水的力量带动发电机转动来产生电能，那么你知道小水电是什么吗？"

"小，小……是小的水力发电吗？"

浩浩吞吞吐吐地说，翠翠**笑了笑**接着回答道：

"正确。相对于大规模的水力发电，规模较小的水力发电叫小水电。"

浩浩觉得很**好奇**，既然有大的，为什么要做个小的。

"人们现在已经知道了，进行水力发电，需要建设大坝阻挡江水，这样会改变周围环境、破坏自然。因此，为了降低对环境的破坏，便利用很小的河川或者储水机来发电。一般生产不满 10 千瓦时电的小型水力发电叫小水电。"

"翠翠，潮汐发电是什么？好像听说过。"

"潮汐力是指海水涨潮和退潮时产生的力，潮汐力所产生的能叫潮汐能。"

大花眼睛中**发射出**一道光线，眼前出现了一幅描绘潮汐发电系统的图像。翠翠一边看着图，一边说：

"潮汐发电是在海里建造水库，涨潮时将上涨的海水储存在水库内，落潮时打开水闸，**放出**海水，用这种力量推动水轮旋转带动发动机发电。本质上，潮汐发电站主要是在涨潮和落潮时利用海水高低潮位之间的落差进行发电。"

猜对了小发电，浩浩立刻变得自信起来，说：

"**对了**！韩国的西海岸也可以建设潮汐发电站啊！"

听了浩浩的话，翠翠会心一笑说：

"浩浩，你现在终于可以和我谈'科学原理'啦！"

翠翠喜笑颜开，高兴地和浩浩击掌，把大花吓了一跳。

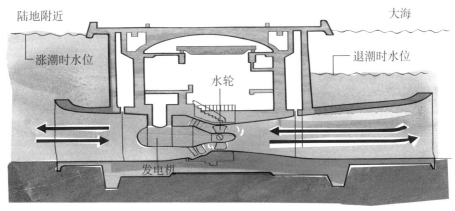

陆地附近　　　　　　　　　　　　　　　　　大海

涨潮时水位　　　　　　　　　　　　　　退潮时水位

水轮

发电机

潮汐发电是利用潮水涨落时的力推动水轮旋转带动发动机发电。

"现在我们去草原吧。"

他们又一次坐上飞船，不知不觉来到了草原。

下了飞船，浩浩走了一阵，看到有一个人在点篝火。

"呃，真呛人。那人在烧什么啊？"浩浩捂着鼻子，**皱着**眉头。

大花突然瞪大了眼睛说道：

"那个人正在用马粪制造燃料呢。"

"呃，啊啊啊，什么？用马粪制造燃料？"

浩浩一下子笑了出来。

"浩浩，别笑了。那个叔叔现在正在使用生物质能呢。生物质能（Biomass）是取表示生物的 bio 和表示质量的 mass 而合成的词，意思是可以用作能源的生物。像树枝、根、叶子，包括牛、马等家畜的粪便，以及食物残渣等都是典型的生物质能。"

翠翠告诉浩浩，利用生物质能获得的燃料叫生物燃料。生物燃料随处可得，使用之后也不会有污染物，是可以代替化石燃料的能源。

在草原，将马粪作为能源。

呃，一股马粪味！

植物中的油脂和淀粉
经过化学处理可以
制成生物燃料。

听了翠翠的介绍，浩浩收起笑容，认真地看着牧民烧**马粪**。

"啊，原来如此。那么除了粪便，植物怎么变成生物燃料使用呢？"

"椰子、大豆、油菜籽、向日葵等榨出的油可以经过化学处理成为燃料，玉米、小麦、大麦、甘蔗里的淀粉经过发酵也可以。虽然生物燃料可以**直接**使用，但主要是和柴油混合使用。而且生物燃料和汽油混合，也可以用作汽车燃料。好了，现在我们回去吧。"

浩浩和翠翠又坐上飞船出发了。

尽情奔跑吧，环保汽车

"浩浩，你听说过环保汽车吗？"

"是不会污染环境的汽车吗？比方说行驶的过程中用电，而不用石油和天然气的汽车？"

"是的，**环保**汽车中有电动汽车，也有混合动力汽车、靠生物柴油和氢能驱动的汽车。"

"那先给我讲讲电动汽车吧。"

"好吧。电动汽车使用发电装置——电池和电动机。据说行驶相同距离的路程，电动汽车花费的电费是一般汽车消耗汽油费用的20%。但是现在电动汽车的最高时速比普通汽车低很多，所以在高速公路上行驶，或者去距离远的地方比较**困难**。"

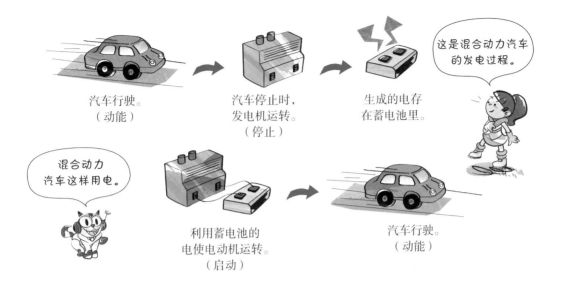

汽车行驶。
（动能）

汽车停止时，
发电机运转。
（停止）

生成的电存
在蓄电池里。

这是混合动力汽车
的发电过程。

混合动力
汽车这样用电。

利用蓄电池的
电使电动机运转。
（启动）

汽车行驶。
（动能）

"啊，怪不得现在电动汽车很少见。"浩浩一脸**遗憾**地说。

"但是混合动力汽车比较常见，广告里经常出现。混合动力汽车是将石油和电一起混合使用的汽车，这种汽车里面同时装有使用汽油的内燃机和使用电的电动机。在汽油内燃机工作的过程中，如果充电完毕，之后便使用电力行驶。"

"**哇哦**，那岂不是会节约能源？"

"在混合动力汽车中安装的电动机可以提高引擎性能，比普通汽车节能，所以维护费用较低。例如，汽车停止时，轮子产生的摩擦热能变为电能，再将这个电能转化为动能。这样汽油消耗量就会变少了，是吧？另外，混合动力汽车产生的温室气体比一般的汽车少10%—15%，但价格要比一般的汽车**贵**。"

"生物柴油汽车呢？使用生物燃料的话，污染就少了吧？"

"生物柴油汽车是同时使用石油和生物燃料，但与一般的汽车相比，污染物质排放要降低20%以上。而且无需改造现有车辆，只是替换燃料就可以了，所以现在驾驶生物柴油汽车的人渐渐地**多了起来**。"

"即使是环保汽车，现在也要用到石油，真可惜！"

"氢能汽车就不一样啦。氢气和氧气反应变成水，在这一过程中可以获得电。氢气燃烧时比石油释放出**更多**的能量。普通汽车消耗1升燃料行驶6—17千米，而仅需1千克氢气便可以行驶大概是100千米，而且基本不会排放污染物质。"

"哇哦，那么多乘坐氢能汽车就好啦。翠翠，要是像化石燃料那样，氢气和氧气没了怎么办？"

看着浩浩担心的样子，翠翠微微一笑。

"不要担心。水分解会变成氢气和氧气，所以只要水在，氢气就不会没有的。"

浩浩这才放下心来。

通过翠翠的讲解，浩浩还知道了人们正在努力制造环保汽车，致力于保护环境，而且大力提倡乘坐公共交通，近距离活动尽量步行或者骑自行车，对于保护环境而言，同开发环保汽车一样重要。

本章要点回顾

 热岛现象是什么？

 热岛现象是指城市中心区域的气温高于周围地区的现象。高层建筑大量吸收阳光后重新释放，导致城市温度升高。高层建筑的表面积是单层建筑物表面积的几十倍，所以吸收的太阳热量也比一般建筑物多。

 太阳能发电的优点和缺点是什么？

优　点	缺　点
·只要有太阳，任何时候都可以使用。 ·不会像化石燃料和核能那样产生污染物质，也不会有残渣。 ·不需要花费燃料费用，不会轻易出现故障。	·在没有太阳的日子、太阳落山后的夜晚、日照时间短的季节里，发电困难。 ·安装太阳能发电系统的费用较高。 ·只能安装在地域广阔的地方。

风力发电的原理是什么?

 风力发电是指借助风力产生电。风力发电的原理是将风的动能转换成叶轮的动能，利用发电机将叶轮的动能再转换成电能。

可再生能源是什么?

 可再生能源有太阳能、风能、地热能、小水电、潮汐能、生物质能、氢能等。太阳能指太阳的光能和热能，风能是借助风力获得的能，地热能是地底下岩浆具有的热能，小水电是靠小河川或者蓄水机中的水发电，潮汐能是指海水涨潮和退潮时产生的力，生物质能是从生物中获得的能，氢能是燃烧氢气获得的能。

生物质能　　　　太阳能　　　　小水电

潮汐能　　　　地热能　　　　风能

第 4 章

世界各地的
环保城市和村庄

我使用的能源出自我的手

浩浩忽然很想知道韩国的发电站在哪，于是就去问翠翠。

没想到翠翠**叹了一口气**，回答道："火力发电站在忠清南道，核电站在以蔚珍、唐津为代表的庆尚北道和全罗南道。"

"首尔、京畿道和仁川没有发电站吗？"

"嗯，韩国首都圈生产的电力还不到韩国全国总发电量的 1%。"

得知 99% 以上的电力不是来自首都圈，而是由其他的地方产生的，浩浩**非常惊讶**。

"首都圈不仅基本不发电，而且还使用了非常多其他地区发的电。光 2012 年，首都圈的用电量就占了韩国整体的 40%。"

浩浩**感觉奇怪极了**，首都圈不仅不发电，还用了很多电。翠翠似乎猜到了浩浩的心思，说：

"韩国主要生产能源的地区和主要使用能源的地区并不在一起，所以人们一般不会有珍惜能源的意识，人们以为只要交钱就可以便利地使用能源。"

韩国首都圈地区使用的电力大部分都是别的地区生产的。

浩浩觉得翠翠这番话像是在说自己，**愧疚地低下了头。**

"问题还不止这一个，能源使用量持续增加的同时，使用化石燃料和核能的发电站的数量也在增加。发电站越多，环境就越糟糕。所以，世界各国应该改变使用能源的态度。另外……"

翠翠停顿了一下。浩浩听得津津有味，好想赶快知道接下来翠翠要说什么。

"世界生态学者和环境运动家法兰兹·阿尔特曾经说过：'能源的生产与消费同出一处，就不会发生破坏环境的情况，因为没有笨

蛋会在自己的嘴里下毒。'意思是说，如果能源的生产者和消费者是同一个人，人们在生产能源并使用的时候就会为自己生活的环境着想。你**来想象一下**，如果你使用的能源是在你居住的地区生产的，会怎么样呢？"

浩浩想起了自己在科学课里制作的自行车发电机。自行车发电机是一种通过踩脚踏板使其转动而发电的工具。浩浩还记得当时因为要**不停歇地**踩自行车发电机的脚踏板，浩浩和他的朋友们呼呼大喘，差点累倒了。

"知道生产能源有多辛苦，就懂得节约能源了。还有，为了保护环境我们要尽量使用可再生能源。但是好像做起来不是那么容易，能实现吗？"

浩浩觉得在自己居住的小区生产自己使用的能源几乎是不可能的，于是他开始**支支吾吾起来**。

翠翠一边笑，一边继续说道："现在世界上有好多村落都实现能源自给自足，这样的村被称为'能源白立村'。现在，我们去这样的村子看看吧。"

能源自立村考虑到自身的环境问题，要用
环保的方式来生产能源。

风力发电机

我要把这些果
皮做成生物
燃料。

我要使用
秸秆。

我要把猪粪收集起
来制成生物燃料。

太阳能
发电机

在环保城市——库里提巴市学到的

哇，
生态之都——
库里提巴

巴西

库里提巴

环保生态城库里提巴有很多花草树木。

听说要去探寻能源自立村，浩浩兴奋极了。他们第一站到达的地方是巴西南部城市——库里提巴。果然，这里树木繁多，空气清新。

"库里提巴被称为地球上最适宜居住的城市。"

"哇哦，看起来真的是这样呢！"**浩浩深深地呼吸了一口新鲜空气**，回答道。

"但库里提巴原来并不是现在这样的绿色环保都市，20 世纪 50 年代初，这里人口突然开始大幅增加，人们滥用资源，当时的环境

这种公交车虽然很长，但是车辆中间的部分可以弯曲。

污染非常严重。"

"真的吗？那从什么时候开始，这里变成现在这样有很多树木，空气也很干净的呢？"

"1971年，当时库里提巴的市长为了减少排放尾气的汽车数量，而建立了便利实惠的公共交通体系。而且，市政府为了打造环保城市，在很多地方修建了公园。"

翠翠牵着浩浩的手朝公共汽车站走去。

"库里提巴没有地铁，而是在公交车专用道路上设有一种名叫'干线快速公交'的两段式铰链公交车。这种公交车每天大约可以运送130万名乘客，票价低廉，在任何地方都可以换乘。这种

公交站是圆筒形的，好特别啊！

一次能搭270人。

公交车不使用石油，用生物燃料，尾气排放也不多。所以，库里提巴地区的人们更喜欢乘坐公交车，而不是私家车。因此，这里的交通整齐有序，大气污染也不太严重。"

浩浩环顾四周，发现处处都有骑自行车的人。

"库里提巴建设了完善的**自行车专用道路**，共分两种：第一种是以交通出行为目的的道路，供市民们上下班或上下学使用；另一种是为喜欢自行车运动的市民们打造的，连接了库里提巴所有的公园。"

"整个城市好像一个树木林立的大公园。在这里骑自行车兜风的话，心情一定爽极了。"

"库里提巴作为**绿色都市**而闻名，城市里花草树木繁多，种植树木和花草的地方被称为绿地。2011 年这里的人均绿地面积达到了 54 平方米，相比 1971 年增加了 100 倍呢！"

浩浩想，如果首尔也能像库里提巴一样有很多绿地的话，人们的生活可能会更好。

"库里提巴处理垃圾的方法也很特别，非常具有代表性的一项举措叫作'绿色交换'。人们可以用可回收垃圾交换到水果和农产品。为了换到更多水果和农产品，人们不仅会带着自己家里的垃圾，还会带着周边的垃圾来交换。"

"哇，这真是个好办法，那么是不是人们必须要把可回收垃圾分离出来才可以去交换农产品啊？"

"对啊，垃圾回收政策中，还有专门为小朋友设计的项目，叫作'儿童垃圾交换'。学生们把空瓶子和废纸等可回收用品拿到学校，可以交换到学习用品、玩偶或者巧克力等零食。"

浩浩羡慕极了。韩国如果有这样的项目，他会第一个报名参加。

"库里提巴并没有制定宏伟的计划，而是采用一些容易实施的方法，将库里提巴打造成环保都市。库里提巴的人们也为自己的城市感到光荣。"

没有任何废弃物的村庄
——穆雷克

绿罐里储存着穆雷克地区生产的生物柴油。

小小的穆雷克村中，居然有3家能源企业。

奥地利
穆雷克

浩浩、翠翠和大花一起坐飞船来到了一个小村庄。

"这里是奥地利的穆雷克村。1989年之前，这里还是一个平凡的小村庄，但是现在已经成为了世界瞩目的能源自立村。"

"浩浩，我又为你准备好了资料。我要发出射线啦，你看看这个漫画吧。"

浩浩看到漫画上写着，这个村子自己制造能源，并向别的城市出售。**他大吃一惊。**

"穆雷克的居民们自己筹钱成立了能源公司、使用生物燃料制作生物柴油的公司、使用猪的排泄物发电的公司、供暖公司等。据说这些能源公司一年能挣140亿到170亿韩元呢（合85万到103万人

穆雷克村寻求能源自立的始末

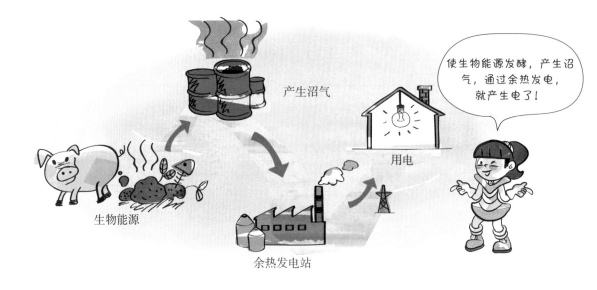

产生沼气

用电

生物能源

余热发电站

使生物能源发酵，产生沼气，通过余热发电，就产生电了！

民币）。整个村庄只有 1700 左右的人口，太了不起了！"

这么小的村子居然能靠出售清洁能源赚钱，浩浩**吃惊得瞠目结舌**。

"穆雷克的居民们用农田里的油菜和食用废油生产出了生物柴油，作为汽车和拖拉机的燃料。由于使用生物柴油，现在环境污染会少一些了吧？"

"哇，真厉害！"浩浩不由地感叹道。

翠翠也露出了开心的笑脸，并说道："在穆雷克，猪的排泄物、秋收后剩下的秸秆、油菜渣子等都是重要的生物能源。用生物能源生产的电力，穆雷克的居民们十年都用不完，余下的还卖给了奥地利电力公司。"

翠翠还告诉浩浩，穆雷克人还自己解决了当地的取暖问题。

"穆雷克的暖气公司用村子附近小树林里废弃的杂木和附近包装工厂扔掉的木材来**烧水**，然后通过设置在村里的管道向各家各户和公共设施供暖。90% 的居民都是这样解决自己家里的取暖问题。"

走了好一会，他们来到穆雷克最大的建筑之一——余热发电站。

"穆雷克的生物能源全部循环使用。生产生物柴油剩下的残渣用来喂猪，猪吃了之后产生的排泄物被发酵生成沼气，沼气通过余热发电转化为电力。还把一部分残渣制成肥料撒在田里，这种肥料会**使田地肥沃**，更利于油菜生长。"

"一点儿没有丢掉的?"

"嗯，每年会有很多人从世界各地来到这里学习怎样实现能源自立。"

浩浩觉得穆雷克真的有很多值得学习的地方。

奥地利穆雷克生产的生物柴油出售给邻近的城市格拉茨。这种柴油被用作公交车燃料。

油菜长得真好啊。

我们把剩下的燃料卖掉。厉害吧?

可再生能源之国——德国

德国有三个能源自立村庄。

德国

德国多地都安装了风力发电机来发电。

"这次，我们去可再生能源之国——德国去看看吧。"

浩浩和翠翠一起上了飞船，出发去了德国。

"德国使用的电力中约有 20% 是由可再生能源生产的，相比之下韩国只有 1.3%，**差距很大吧**？"

翠翠说，德国政府从 2000 年开始就一直支持使用可再生能源发电，所以德国人民十分关注可再生能源，可再生能源产业**迅速**发展起来。

"在德国的能源自立村中，最有名的要属达尔德斯海姆。浩浩，你看看窗外，这里就是达尔德斯海姆了。看到那里的风力发电站了吗？这里的风力发电站一年产生的电力相当于 1000 名达尔德斯海姆居民一年使用电力的 45 倍呢。"

浩浩听到 45 倍，惊讶地**目瞪口呆**。

"什么？45 倍？这么多啊！那么达尔德斯海姆的居民也像穆雷克的居民那样通过向别的地方出售电力来挣钱吗？"

"是的，达尔德斯海姆生产的电力也供给附近村庄的 8 到 9 万人使用。除此之外，达尔德斯海姆也使用太阳能发电机来发电。另外，村民们还一起种油菜，用油菜来制作生物燃料。"

说完，他们又乘坐飞船，继续在德国的天空中飞行。

"这里是德国莫瓦格，一个很小的村庄。开始的时候这里的人们并不关注再生能源和能源自立，但在 1996 年的时候，在此驻扎了很久的美国军队把这片土地还给了莫瓦格的居民。居民开始思考如何利用这块土地。"

"所以呢？"

"莫瓦格的人们决定自己在村子里生产能源，所以他们在村子里装上了太阳能发电机和风力发电机，还安装了生产沼气的设备。"

浩浩觉得莫瓦格居民做出了非常**明智的决定**。

"从此以后，莫瓦格不仅成为了自给自足的能源自立村，还通过出售多余的电力挣到了很多的钱。"

浩浩**认识到**，能源自立村庄都有一个共同点，那就是通过出售电力来

精心栽培油菜来制造生物燃料

油菜

赚钱。而且，他还想起韩国为了进口能源开销巨大。

"德国有很多能源自立村，我们再去看一个吧。对了，你看到那个屋顶上有很多太阳能板的村子了吗？**我们快点儿下去吧。**"

看到屋顶上满满都是太阳能电池板，浩浩大吃了一惊，跟着翠翠走下了飞船。

"这里是德国的弗莱堡，一个被称为'德国环保首都'的小城市。弗莱堡各地都安装了太阳能发电设施。市民们一般不乘坐汽车而更多地使用电车和自行车出行。据说，弗莱堡每 1000 人的私家车拥有比例在德国也是最低的。"

正在这时，浩浩发现了一栋**独特的建筑**，惊讶地叫出了声。

"啊！快看那栋建筑，它一直在转！"

"那是回光仪，也是弗莱堡市代表性的环保建筑。回光是跟随太阳的意思。顾名思义，随着太阳的移动，整个建筑也会跟着转动。

弗莱堡市人均太阳能发电设备拥有量在德国位居首位。

建筑的屋顶上有太阳能电池板，太阳能电池板可以提供建筑所需5—6倍多的电力。另外，这栋建筑的窗户由3层玻璃制成，在不同的季节，可以有效地隔绝或吸收热量。"

浩浩觉得**神奇极**了，盯着那栋建筑看了好久。大花从没见过这么专注的浩浩，歪着脖子盯着浩浩看了好久。

韩国的能源自立村

韩国也有能源自立村吗？在参观了其他国家的能源自立村后，这个问题一直**在浩浩脑海中盘旋**。这时，翠翠又牵起浩浩的手，上了飞船。

"走，我们现在去韩国的能源自立村看看吧！"

浩浩吃惊地地望着翠翠，一瞬间，飞船就来到了韩国。

"这里是从庆尚南道统营市出发，坐船 10 分钟就可以到达的小岛——烟台岛，岛上生活着 80 多名岛民。"

浩浩乍一眼看去，烟台岛一片**安静祥和**。

"21 世纪初，统营被迅速开发，同时附近的岛屿环境遭到破坏。统营市政府和'绿色统营 21 促进协议会'的市民团体对此感到十分痛心，开始寻求保护海岛生态环境，保证居民**能源富足**的方法。而且，还制订了把烟台岛建设为'零化石能源岛''生态岛'的计划。这一计划从 2007 年开始实施，取得了显著的效果。"

浩浩环顾四周，发现岛上各处都安装了太阳能发电板。

"岛上太阳能发电站发出的电力可供岛上全体居民使用。这里是全韩国第一个不使用化石燃料的岛屿。烟台岛的居民们还把村民会馆和敬老院等建成了使用自然能源调节冷暖的'被动式节能屋'"。

"被动式节能屋是什么呀？"

浩浩话音刚落，大花就**开始卖弄起来**："被动式节能屋就是为了

烟台生态岛屿体验中心由生源不足而关闭的小学校舍改建而成。

不让房间里的热量散发出去，在不使用化石燃料的情况下可以维持房间温度恒定而建成的房子。"

　　"大花，这个解释真棒！烟台岛上还有'烟台生态岛屿体验中心'。这个地方有很多种为游客打造的环境体验项目。还有……"

　　"还有？这么多啊！为了建设生态岛屿，这里的居民们真是全力以赴啊！"

　　"是啊，他们还计划在岛上植树，并利用风力和海水潮汐发电。不过目前为止发电量还很小，除此之外，他们还计划用油菜生产生物燃料。"

　　浩浩觉得守护**美丽大自然**的人们是善良的天使。

　　"这次我们要去的地方是全罗北道扶安郡的登用村。扶安在2003年被指定为核废弃物处理设施的建设点。扶安地区的居民们因

为担心会污染环境，对此**强烈反对**。人们一边抗议反对，一边思考能源问题，最终决定亲自生产能源。"

"哇，没想到不仅避免了环境破坏，还挽救了环境呀！"

翠翠**点点头**。

"居民们亲自筹钱建设了市民发电站。扶安市民发电站是利用太阳光进行发电的发电站，自从 2005 年一号机开始发电之后，2012年太阳能发电机一年发出电力 53 570 千瓦时，相当于这个地区用电的 60%。"

浩浩仔细地参观了扶安的市民发电站，所到之处都能让他感受到市民们为了使用再生能源挥汗如雨、辛勤耕耘的劲头。

"还有一个地方要去，这次要去的是庆尚南道山清郡的葛田村。"

"哇，韩国居然有这么多能源自立村。"

看着**浩浩高兴的样子**，翠翠也露出了微笑。

"这里不仅利用太阳、风、生物等可再生资源生产所需能源，而且在盖新房子的时候，村民们还使用科学的方法。这里的房子，冬天，可以吸收太阳热量从而保持室内温暖，夏天，引入溪水让室内凉爽。除了这些，人们还使用太阳能烹饪机来做饭。"

"哇！太阳能真是充分得到了利用！"

"对呀，为了制造太阳能烹饪机，这里的人们还专门从德国聘请专家前来指导呢。"

"咦，这是哪里呀？"听到建筑里**传来一阵笑声**，浩浩好奇地问道。

"这里是代案技术中心。葛田村的代案技术中心从 10 多年前开始向全世界各国传授经验。每年都有很多人到这里学习有关环保建筑和可再生能源的经验。"

"你是说其他国家来韩国学习经验？"

"对啊，葛田村的人们也去柬埔寨等一些电力供应状况较差的国家，教授他们能源自立的方法。"

浩浩明白了能源自立村的人们还把自身的经验与他人分享。

"原来使用再生能源并不是一件很难的事呀。"

参观完能源自立村之后，浩浩**信心大振**，他还知道了能源自立对村子的经济发展也会大有裨益。

"我们的最后一站是位于首尔市的成美山村。"

"什么？在首尔居然也有能源自立村？"

浩浩吃惊地问道。

"是啊，'成美山村'并不是村庄的名字，而是首尔市麻浦区的

6 个社区里生活着的居民们共同建立的团体。据说起初是为了一起照看孩子而建的。"

浩浩刚准备问这里是如何实现能源自立的，一眨眼，翠翠就**开着飞船又出发了**。在翠翠操纵飞船的时候，沉默了好久的大花开口说道：

"2001 年首尔市政府决定在成美山建设水库，差点把山削平了。这时候居民们反对市政府的计划，展开了守护成美山的市民运动。**最终守住了成美山。**"

浩浩觉得这里成为能源自立村的过程和之前去过的扶安很相似。

"能源自立运动是人们为了阻止环境被破坏，自发组织开展的。"

"对，成美山村的居民们意识到自然和生态的重要性，开展了各种各样的活动。"

"都有哪些活动？"

"2005 年开始，为了减少二氧化碳排放量，成美山村开始实施'低碳村庄'计划。这一计划的开端是学校学生们提议减少校内外用电量，寻找浪费用电的根源，最终达到节约用电的目的。"

减少用电量的建议居然是学生们提出来的，这句话让浩浩**为之一振**。浩浩明白了，原来寻找节约能源的方法和年龄无关。浩浩突然也想去寻找节约能源的方法了。

"现在成美山村安装了太阳能路灯和自行车发电机，学校还每年在空地上开田务农。"

听了成美山村的故事后，浩浩**懂得了**以小促大的道理。

节约能源并不难

"浩浩，能源自立村都参观完了，心情如何啊？"翠翠笑着问道。

可不知为什么，浩浩的心情却有点沉重，一时想不出说些什么好。

这时**大花突然冒出来**，说道："主人，浩浩现在好像开始反省对能源的浪费呢。"

大花向浩浩挑衅，没想到浩浩却默不作声。

"说实话，我反省了很多，没想到我以前使用能源的时候真的太随心所欲了。"

浩浩的声音越来越小，翠翠走到了浩浩的身边说："现在开始节

低的楼层走楼梯

节约能源应该从小事做起。

关掉空房间里的电灯

接水刷牙

近的地方骑自行车去

约能源就好了。"

"而我自己节约能源也只能做些很平凡的小事，既不能自己亲自生产能源，也不能像成美山的学生们那样，想出节约能源的好方法。"

看着浩浩一脸沉重的表情，翠翠**哈哈大笑**了起来。

"浩浩啊，节约能源并不是非要自己生产能源或者自己想出节约能源的方法呀。日常生活中的一些**小举动**都可以发挥大作用呢。"

"小举动?"

"嗯，房间没人时把灯关掉，漱口的时候把水盛到杯子里，去较低的楼层时不坐电梯走楼梯等，这些都可以节约能源啊。用心去寻找，就会发现很多自己力所能及的事。"

玩耍中提水?

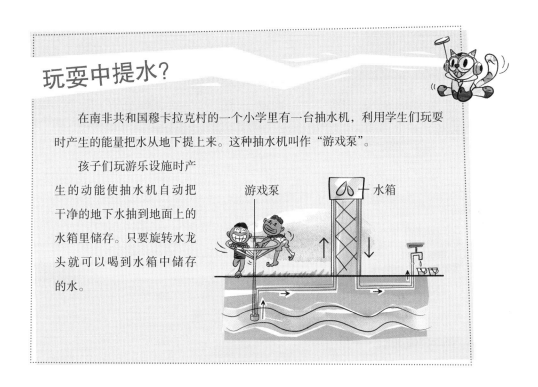

在南非共和国穆卡拉克村的一个小学里有一台抽水机，利用学生们玩耍时产生的能量把水从地下提上来。这种抽水机叫作"游戏泵"。

孩子们玩游乐设施时产生的动能使抽水机自动把干净的地下水抽到地面上的水箱里储存。只要旋转水龙头就可以喝到水箱中储存的水。

游戏泵　水箱

浩浩又重新登上了飞船，在环游外太空和地球的旅行中，浩浩已经和翠翠还有大花产生了很深的感情。在这趟旅行中一直和自己顶嘴的大花现在也不知道为什么**越看越可爱**。浩浩突然对翠翠生活的未来世界感到很好奇。

"翠翠，未来世界是什么样的呢？未来世界也会能源不足吗？"

"未来世界的环保技术比现在更发达，但是我们的环境……"

翠翠停顿了一下。她**凝视着**浩浩说：

"我们的未来都看你的了，如果你能好好地节约能源，我们的未来就会很光明，否则……"

没等翠翠把话说完，浩浩立刻斩钉截铁地回答道：

"我一定**会好好地节约能源**，不仅为了清洁能源的未来，也为了我们的地球。"

"浩浩，你真的能做到吗？"

"当然，一言为定。"浩浩下定决心要节约能源。

这时，大花过来，在浩浩的脸上蹭了蹭，浩浩也轻轻地抚摸着大花。不一会儿，飞船来到了浩浩的家。

我一定会节约能源的！

浩浩的
能源笔记

能源节约检查表

读者小朋友，请和家人一起检查一下，大家是否在为节约能源而努力，并在下面的表格中用○或×来表示。

	检查内容	○	×
1	家里的插座是有开关的节能型插座。		
2	家里的电子产品能效等级是一级。		
3	夏天很少使用空调。		
4	冬天穿保暖内衣。		
5	正在使用节能型电灯。		
6	房间里没有人时关掉电灯。		
7	洗碗、洗脸、刷牙漱口时，不让自来水一直流淌，接好适量的水使用。		
8	电脑的显示器、硬盘、系统等全部选择节电模式。		
9	上低楼层（3层以下）走楼梯不坐电梯。		
10	去很近的地方（公交车两站以内）时，徒步或骑自行车。		
11	去很远的地方时，主要乘坐公共交通工具。		
12	努力减少一次性用品的使用量。		
13	努力减少纸张的使用量。		
14	了解垃圾分类回收的规则。		
15	通知书和收据尽量通过电子邮件等在线方式接收。		

遵守 12 个以上表格中的内容，你就是一个能源节约小能手。

我要成为能源节约大王

浩浩回到家里看见客厅的灯亮着。

"哦！来电了！翠翠，来电了！"

浩浩高兴地大叫。

"赶快把现在不用的电器插头拔掉，灯也得关掉。"

"今天来见你还是挺有收获的嘛，我们该回去了。"

"翠翠，大花，今天谢谢你们，欢迎你们下次再来！"

浩浩话音刚落，翠翠和大花的模样就**变得渐渐模糊起来**，不一会儿就完全消失了。浩浩累得扑通一声跌坐在沙发上。

"浩浩，赶快起来！"

听到妈妈的喊声，浩浩睁开了闭着的双眼。

"你做梦了吗？刚才一直在说梦话。"

"做梦？刚才都是在做梦？"

浩浩环顾四周，发现什么变化也没有。浩浩突然坐了起来，赶紧关上电视和电脑的电源，把空调也关上了。

"我们浩浩这是怎么了？突然变成能源节约大王了呢。做梦梦到什么了吗？"

浩浩没有回答妈妈，只是使劲地点了点头，他心想："就算是梦也没关系，我现在知道了节约能源是如此重要。翠翠、大花，你们教给我的东西我是不会忘记的！"

Q | 库里提巴是怎样成为绿色环保都市的？

A | 　　20世纪50年代，巴西的库里提巴因为人口激增和人们不加限制地使用能源，环境遭到很大的污染。所以从1971年开始，库里提巴市市长为了减少城市里的交通量做了很多努力，建设了价格低廉且非常便利的公共交通系统，而且还在市内各处建设了公园。

Q | 穆雷克村是怎样发电的？

A | 　　穆雷克是奥地利的一个小村子。村子里使用的所有能源都是居民们自己生产的。不仅如此，剩余的能源还出售到别的城市，这里成为了备受世人瞩目的能源自立村。穆雷克村民把猪的排泄物、秸秆、油菜籽渣等发酵变成沼气，然后把这些沼气通过余热发电转化为电力。

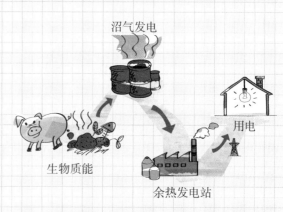

沼气发电

用电

生物质能

余热发电站

德国是如何利用可再生能源的?

根据国际能源机构的报告，2011 年德国所产生的电中，有 18.7% 的电力是利用可再生能源制造的。能源专家们说，德国可再生能源产业飞速发展的原因，归功于 2000 年能源法规之中的"发电差额支援制度"。这个制度规定电力公司在购入可再生能源发出的电时，多于购入使用化石燃料的费用由政府进行补贴。

  韩国的绿色环保村庄在哪里?

庆尚南道的烟台岛、全罗北道扶安郡的登用村、庆尚南道山清郡的葛田村，还有首尔市麻浦区成美山村都实行了能源自立。烟台岛和登用村建立了太阳能发电站，发出的电力供全体岛民使用。葛田村利用可再生能源来生产必要的能源。成美山村则通过低碳村的项目，成为了环保村庄。

核心术语

光合作用
绿色植物吸收光能，把二氧化碳和水合成淀粉（葡萄糖）等营养成分的过程。

岩浆
从火山喷发出的在地底深处具有很高热量的液体物质。

生物质能（biomass）
其英文单词由表示生物的 bio 和表示量的 mass 合成。意思是可被利用为能源的生物。树、草、果实、稻草、家畜的粪便都属于此类。

工业革命
以机器取代人力来制造产品的产业变化。英国最早开始进行。

烟雾
汽车和工厂排放出的煤烟或粉尘之类的污染物质和空气中的水蒸气结合生成的大气污染物。

能
做功的能力。

能量转换
能量形式的转换。

余热发电
利用生产过程中的多余热能进行发电的方式。

热岛现象
城市中心的气温高于周边地区的现象。

臭氧层
距离地面 20—30 千米的空中，含有很多臭氧的空气层。

温室气体
污染地球大气，引起温室效应的气体。有二氧化碳、甲烷等。

温室效应
大气中的温室气体像毯子一样将地球包住，阻止地球表面反射的热量散到地球之外的现象。

原油
从地底下直接抽取的石油。根据不同沸点可分离出汽油、煤油、柴油等。

二氧化碳
一种生物呼吸时或东西燃烧时产生的气体。

功率

在单位时间内做功的量。用做的功除以时间可求得功率数值。

地球变暖

地球的平均气温上升的现象。

环保汽车

使用更少能源，排放更少污染物的汽车。有电动汽车、氢能汽车、生物柴油汽车、混合动力汽车等。

碳元素

构成生物体的基本化学元素。

太阳能发电

利用太阳能进行发电的方式。

太阳能电池

一种以太阳能发电为核心，将太阳的光能转换成电能的装置。

叶轮

轮盘与安装其上的转动叶片，一种机械部件。水、天然气、蒸汽等触碰叶轮可使机器获得动力。

化石燃料

埋藏在地里的动植物，经过很长时间，由于温度和压力的变化而形成的燃料、煤、石油、天然气。

图书在版编目（CIP）数据

  能源浪费，到此为止 /（韩）吴允静著；（韩）李智厚绘；
梁超译 . —上海：上海科学技术文献出版社，2021
  （百读不厌的科学小故事）
  ISBN 978-7-5439-8199-7

  Ⅰ . ①能… Ⅱ . ①吴… ②李… ③梁… Ⅲ . ①能源—少
儿读物 Ⅳ . ① TK01-49

  中国版本图书馆 CIP 数据核字 (2020) 第 200080 号

Original Korean language edition was first published in 2015
under the title of 에너지 낭비, 이제 그만! - 틈만 나면 보고 싶은 융합과학 이야기
by DONG-A PUBLISHING
Text copyright © 2015 by Oh Yoon-jeong
Illustration copyright © 2015 by Lee Ji-hoo
All rights reserved.

Simplified Chinese translation copyright © 2020 Shanghai Scientific & Technological Literature Press
This edition is published by arrangement with DONG-A PUBLISHING through Pauline Kim Agency,
Seoul, Korea.

图字：09-2016-379

选题策划：张　树
责任编辑：詹顺婉
封面设计：徐　利

能源浪费，到此为止
NENGYUAN LANGFEI, DAOCI WEIZHI
[韩]具本哲　主编　[韩]吴允静　著　[韩]李智厚　绘　梁　超　译
出版发行：上海科学技术文献出版社
地　　址：上海市长乐路 746 号
邮政编码：200040
经　　销：全国新华书店
印　　刷：常熟市文化印刷有限公司
开　　本：720mm×1000mm　1/16
印　　张：7.5
版　　次：2021 年 1 月第 1 版　2021 年 1 月第 1 次印刷
书　　号：ISBN 978-7-5439-8199-7
定　　价：38.00 元
http://www.sstlp.com